N. J. Nalini
S. Palanivel

Reconhecimento de emoções musicais - As caraterísticas combinadas

ScienciaScripts

Imprint
Any brand names and product names mentioned in this book are subject to trademark, brand or patent protection and are trademarks or registered trademarks of their respective holders. The use of brand names, product names, common names, trade names, product descriptions etc. even without a particular marking in this work is in no way to be construed to mean that such names may be regarded as unrestricted in respect of trademark and brand protection legislation and could thus be used by anyone.

Cover image: www.ingimage.com

This book is a translation from the original published under ISBN 978-3-659-88879-3.

Publisher:
Sciencia Scripts
is a trademark of
Dodo Books Indian Ocean Ltd. and OmniScriptum S.R.L publishing group

120 High Road, East Finchley, London, N2 9ED, United Kingdom
Str. Armeneasca 28/1, office 1, Chisinau MD-2012, Republic of Moldova, Europe
Managing Directors: Ieva Konstantinova, Victoria Ursu
info@omniscriptum.com

Printed at: see last page
ISBN: 978-620-8-59222-6

N. J. Nalini
S. Palanivel

Reconhecimento de emoções musicais - As caraterísticas combinadas

ÍNDICE DE CONTEÚDOS

DEDICADO AOS MEUS AMIGOS E AMIGAS

AGRADECIMENTOS

Antes de mais, gostaria de agradecer a Deus pelas Suas bênçãos. Agradeço-Lhe a dádiva da vida, da saúde e de todas as oportunidades memoráveis da vida.

Gostaria de expressar a minha sincera e especial gratidão ao Dr. S. Palanivel, Professor do Departamento de Informática e Engenharia. Encontrei a minha inspiração nas suas palavras de encorajamento. Vi-o como um excelente conselheiro, capaz de tirar o melhor partido dos seus alunos, e como um ser humano honesto e prestável. Agradeço sinceramente ao Dr. M. Balasubramanian, Professor Assistente do Departamento de Ciências e Engenharia Informáticas, por ter poupado o seu tempo no desenvolvimento do meu trabalho. Agradeço calorosamente à minha colega Dra. S. Jothilakshmi, pelas suas discussões sobre temas relacionados que me ajudaram a realizar o meu trabalho de investigação.

Quero agradecer aos meus pais, Dr. N. S. Jeganathan, Professor de Farmácia (Reformado), Universidade de Annamalai, e à Sra. N. J. Jayanthi, pelo seu apoio, confiança e amor que me demonstraram. Nunca teria feito tudo isto sem o apoio do meu marido, Dr. B. K. Raghunath, Professor Assistente, Departamento de Engenharia de Fabrico, que foi muito compreensivo durante todo o período do meu trabalho. Agradeço-lhe toda a ajuda, carinho e apoio moral que me deu. Gostaria de agradecer aos meus filhos Kishor Raj e Jay Prasath pela sua paciência e compreensão.

- N. J. Nalini

Lista de abreviaturas

HCI	-	Human Computer Interface
MER	-	Music Emotion Recognition
RP	-	Residual Phase
BPM	-	Beats Per Minute
MRR	-	Mean Reciprocal Ranking
HMM	-	Hidden Markov Model
PCA	-	Principal Component Analysis
MFCC	-	Mel Frequency Cepstral Coefficients
STFT	-	Short Time Fourier Transform
DCT	-	Discrete Cosine Transform
LPC	-	Linear Prediction Coefficients
LP	-	Linear Prediction
AANN	-	Auto Associative Neural Network
FFNN	-	Feed Forward Neural Network
SVM	-	Support Vector Machine
RBFNN	-	Radial Basis Function Neural Network
EER	-	Equal Error Rate
RR	-	Recognition Rate
FAR	-	False Acceptance Rate
FRR	-	False Rejection Rate

CAPÍTULO 1
INTRODUÇÃO

1.1 Representação de sinais de áudio

O áudio digital refere-se à reprodução e transmissão de som armazenado num formato digital [1]. Isto inclui os CDs, bem como quaisquer ficheiros de som armazenados num computador. Em contrapartida, o sistema telefónico baseia-se numa representação analógica do som. Nos sistemas de gravação e reprodução de som, o áudio digital refere-se a uma representação digital da forma de onda de áudio para processamento, armazenamento ou transmissão. Quando as ondas sonoras analógicas são armazenadas em formato digital, cada ficheiro de áudio digital pode ser decomposto numa série de amostras.

A qualidade de uma gravação de áudio digital depende em grande medida de dois factores: a taxa de amostragem e o formato de amostragem ou profundidade de bits. Aumentar a taxa de amostragem ou o número de bits em cada amostra não só aumenta a qualidade da gravação, como também a quantidade de espaço utilizado pelos ficheiros de áudio num computador ou disco. As taxas de amostragem são medidas em hertz (Hz) ou ciclos por segundo. Este valor representa simplesmente o número de amostras captadas por segundo para representar a forma de onda; quanto mais amostras por segundo, maior é a resolução e, por conseguinte, mais precisa é a medição da forma de onda. O ouvido humano é sensível a padrões de som com frequências entre, aproximadamente, 20 Hz e 20.000 Hz. Os sons fora desta gama são essencialmente inaudíveis [2].

A captação de um som numa determinada frequência requer uma taxa de amostragem de, pelo menos, o dobro da frequência (conhecida como frequência de Nyquist). Por conseguinte, uma taxa de amostragem de 40 000 Hz é o mínimo absoluto necessário para reproduzir sons dentro da gama da audição humana e taxas mais elevadas (designadas por sobreamostragem) podem aumentar ainda mais a qualidade, evitando quaisquer artefactos de aliasing em torno da frequência de Nyquist. A taxa de amostragem utilizada pelos CD áudio é de 44.100 Hz. A fala humana é inteligível mesmo se as frequências acima de 4.000 Hz forem eliminadas. De facto, os telefones apenas transmitem frequências entre 200 Hz e 4.000 Hz. Por conseguinte, uma taxa de amostragem comum de 8000 Hz para gravações áudio é, por vezes, designada por qualidade da fala.

A outra medida da qualidade de áudio é o formato da amostra (ou profundidade de bits), que é normalmente medida pelo número de bits de computador utilizados para representar cada amostra. Quanto mais bits forem utilizados, mais precisa será a representação de cada amostra. O aumento do número de bits também aumenta a gama dinâmica máxima da gravação de áudio, ou seja, a diferença de volume entre os sons mais altos e mais baixos que podem ser representados. A gama dinâmica é medida em decibéis

(dB). O ouvido humano consegue percecionar sons com uma gama dinâmica de, pelo menos, 90 dB. A maior parte do áudio digital é armazenada num formato de 16 bits, que contém um pouco mais de informação do que a maioria dos seres humanos consegue realmente ouvir.

1.2 Taxonomia dos sinais de áudio

Os sinais de áudio podem ser sintetizados diretamente ou podem ter origem num microfone, num captador de instrumento musical, num cartucho de fonógrafo ou numa cabeça de fita. Existe uma grande variedade de classes e subclasses de sinais auditivos, muitas das quais se sobrepõem. A taxonomia desenvolvida destina-se a estudar o domínio das classes de sons. Os sons podem ser classificados como os sons que um ser humano não consegue ouvir. Os sons audíveis podem ser designados por sons agradáveis e desagradáveis, que são naturalmente classificados como música, ruído, fala, sons naturais e sons artificiais [3]. A fala pode ser considerada como um som natural, e muitos sons artificiais são considerados ruído. De seguida, explicam-se os vários níveis de sons.

• **Ruído:** O ruído é um sinal aleatório ou pseudo-aleatório que pode ser classificado pela distribuição de energia no espetro do sinal. O ruído "branco" contém uma distribuição uniforme de energia. Os ruídos coloridos contêm uma distribuição de energia não uniforme. O ruído rosa tem uma potência constante por oitava (dependência de frequência 1/f) em vez de uma potência constante por hertz, sendo assim mais adequado para a investigação auditiva. O ruído castanho tem uma distribuição de frequência de $1/f^2$. Os sons que contêm uma grande percentagem de energia nas frequências mais altas são normalmente considerados ruído, se a energia não estiver em parciais relacionados harmonicamente e se a intensidade do sinal for relativamente elevada. Os sons harmónicos (sons que não contêm séries harmónicas de parciais) são frequentemente considerados ruidosos.

• **Sons naturais:** A classe geral de "sons naturais" é provavelmente a menos distinta das classes a este nível. Nesta taxonomia, os sons naturais podem ser definidos como sendo de influência humana e não humana, pelo que os sons naturais são os sons causados pela natureza e pelo mundo natural. Os sons naturais podem ser classificados com base no objeto que produz o som. Os sons do vento, os sons da água e os sons dos animais são três subcategorias possíveis, mas também é importante perceber que muitos sons naturais ocorrem devido à interação entre um objeto e o outro. Por exemplo, os sons do vento podem ser gerados pelo vento e pelos ouvidos das criaturas que escutam o vento.

• **Sons artificiais:** Os sons artificiais podem ser considerados o oposto dos naturais

Sons; os sons que são humanos ou influenciados pelo homem de alguma forma, excluindo a fala e a música. A fala e a música não são sons naturais segundo a nossa definição, pelo que poderíamos incluí-las nesta categoria, mas contêm tantas subclasses que as identificamos como classes individuais separadas a este nível. Os sons artificiais incluem os produzidos por máquinas, carros, edifícios e afins. A fonte dos sons pode ser utilizada como uma caraterística de classificação.

• **Fala:** A fala pode ser definida como o som produzido pelo trato vocal humano destinado à comunicação. A fala gravada e os sons gerados por computador que se aproximam da fala também são considerados fala. Há muitas maneiras de dividir o domínio da fala em subcategorias. Uma forma óbvia é classificar o discurso por idioma, por quem ou o que é o orador, pelo conteúdo emocional do orador e pelo assunto do discurso.

• **Música:** A música pode ser definida como os sons recorrentes produzidos por seres humanos utilizando instrumentos, incluindo o corpo humano, que comunicam emoções ou sentimentos específicos. O primeiro critério de classificação consiste em identificar se a música é monofónica ou polifónica; se a música é feita por um instrumento ou por um grupo de instrumentos. A música monofónica pode, além disso, ser classificada com base nos instrumentos utilizados (metais, cordas, percussão, voz, etc.) e depois subclassificada com o tipo de instrumentos (tuba, trombone, etc.) utilizados e, finalmente, categorizada individualmente. Tanto a música monofónica como a polifónica podem ser classificadas em subclasses, consoante o conteúdo da música. Estas classes podem ser identificadas pela cultura de origem, pelo género, pelo compositor/letrista, pelo(s) intérprete(s) e pelos sentimentos que transmite.

1.3 Reconhecimento de emoções - uma introdução

À medida que os computadores e as aplicações baseadas em computadores se tornam cada vez mais sofisticados e dominam cada vez mais a nossa vida quotidiana - seja a nível profissional, pessoal ou social - torna-se ainda mais importante que sejam capazes de interagir de uma forma natural, semelhante à forma como interagimos com outros agentes humanos [4]. A caraterística mais importante da interação humana, que confere naturalidade ao processo, é a nossa capacidade de inferir os estados emocionais dos outros com base em sinais encobertos e/ou evidentes desses estados emocionais. Há uma necessidade de aplicações de interface homem-computador (IHC) que apoiem as necessidades emocionais humanas [5]. O desempenho das interfaces informáticas pode ser melhorado através do reconhecimento e da resposta às emoções humanas.

O reconhecimento emocional é um instinto comum aos seres humanos, que tem vindo a ser estudado por investigadores, de diferentes disciplinas, há mais de 70 anos. Os estudos sobre o discurso emocional revelaram a importância das pistas vocais na expressão da emoção e os efeitos poderosos da expressão vocal da emoção na interação interpessoal [6], [7]. A literatura sobre as emoções é rica e abrange várias disciplinas, muitas vezes sem uma sobreposição óbvia ou uma perspetiva de consolidação. As emoções foram, assim, moldadas pela filosofia de René Descartes, pelos conceitos biológicos de Charles Darwin e pelas teorias psicológicas de William James, para mencionar apenas alguns dos gurus das ciências humanas.

Na teoria da evolução de Darwin, as emoções encontram a sua raiz na biologia e, portanto, até certo ponto, são consideradas como fenómenos universais [8]. Vários estudos mostraram, de facto, evidências de certos atributos universais tanto para a fala [9] como para a música [10], não só entre indivíduos da mesma cultura, mas também entre culturas. Scherer e Banse, por exemplo, realizaram uma experiência em que os seres humanos tinham de distinguir entre emoções. Os ouvintes são capazes de inferir emoções a partir de pistas vocais, com uma taxa média de reconhecimento de 4 ou 5 vezes acima do acaso, e observaram que nem todas as emoções eram igualmente bem identificadas. Por exemplo, a identificação do nojo através da voz não é geralmente muito precisa; os humanos expressam esta emoção de uma forma melhor através da expressão facial ou corporal.

1.4 Tipos de emoções

Na linguagem comum, há dois grandes tipos de fenómenos que são descritos como emocionais. (i) emoção episódica (ii) emoção generalizada [5]. O termo "emoções episódicas" indica o estado de ser em que a emoção domina a consciência das pessoas, geralmente por um período relativamente curto, afectando as suas percepções, sentimentos e disposições para agir. A emoção pode não determinar a ação que a pessoa toma, mas exige esforço para evitar que o faça. Os estados emocionais episódicos claros são geralmente breves e relativamente raros.

Em contraste, "emoção generalizada" refere-se a algo que é parte integrante da maioria dos estados mentais, incluindo os estados de ser em que a racionalidade parece subjetivamente estar em controlo. Pode estar associada à situação como um todo, ou a elementos individuais da mesma, ou a possíveis cursos de ação. Com base no estudo de Banse e Scherer [10], as emoções mais fundamentais são definidas da seguinte forma:

• **Raiva:** A raiva é frequentemente uma resposta à perceção de ameaça devido a um conflito físico, injustiça, negligência, humilhação ou traição. O estado de cólera inclui estados emocionais como tenso, alarmado, zangado, com medo, irritado, furioso, etc. Existem dois tipos comuns de raiva: ativa e passiva.

• **Felicidade:** A felicidade é um estado emocional ou afetivo que se caracteriza por sentimentos de gozo, prazer e satisfação. O estado de felicidade inclui o bem-estar, o prazer, a excitação, a paz interior, a saúde, a segurança, o contentamento, o amor, etc.

• **Medo:** O medo é um estado emocional que se manifesta quando as pessoas sentem perigo, o que constitui uma resposta natural a um determinado estímulo negativo. O medo está relacionado com os estados emocionais que incluem a preocupação, a ansiedade, o terror, o susto, a paranoia, o horror, o pânico, o complexo de perseguição e o pavor.

• **Tristeza:** A tristeza é um estado de espírito que manifesta o sentimento de desvantagem e de perda.
A tristeza é considerada como um sentimento oposto à felicidade. O estado de tristeza inclui estados emocionais como triste, pesaroso, infeliz, sombrio, deprimido, aborrecido, desanimado, cansado, etc.

• **Neutralidade:** A neutralidade é um estado não emocional, incluindo sonolência, calma, relaxamento, satisfação, contentamento, etc.

1.5 Emoções e música

As emoções humanas são complexas e multifacetadas, pelo que a concentração em diferentes aspectos das emoções leva à produção de diferentes listas de emoções. Isto significa que pode não existir um modelo universal de emoções a descobrir, mas que as emoções devem ser escolhidas com base na tarefa e no domínio da investigação. Dunker et al. [11] analisaram modelos de emoções que podem ser aplicados à música

e às imagens.
Os autores distinguiram dois grupos de emoções: emoções baseadas em categorias, em que os conjuntos de termos emocionais são organizados em categorias emocionais, e emoções dimensionais, em que as emoções são representadas como uma combinação de diferentes dimensões

Emoções categóricas

A abordagem categórica divide as emoções num punhado de classes (por exemplo, feliz, zangado, triste e relaxante) e treina um classificador para prever a emoção global de uma canção. No entanto, esta abordagem enfrenta um problema de granularidade: o número de classes de emoções é demasiado pequeno em comparação com a riqueza das emoções musicais percepcionadas pelos seres humanos. Um dos primeiros estudos de Hevner, publicado em 1936, utilizou inicialmente 66 adjectivos, que foram depois organizados em 8 grupos [12]. Os 8 grupos com as emoções representativas dos grupos são: digno, triste, sonhador, sereno, gracioso, feliz, excitante e vigoroso. A lista foi posteriormente revista e alargada por Farnsworth [13], que tentou melhorar a consistência das emoções dentro de cada grupo. Com base nos resultados de um estudo de utilizadores, em que 200 utilizadores etiquetaram 56 peças musicais utilizando a lista de adjectivos, as emoções foram reorganizadas em 9 grupos. O adjetivo de cada um dos nove grupos: feliz, leve, gracioso, sonhador, saudoso, triste, espiritual, triunfante e vigoroso. Estudos de audição de música [14] reduziram um conjunto de 801 termos emocionais "gerais" a uma métrica de subconjunto de 146 termos, especificamente, classificando o estado de espírito da música.

Emoções dimensionais

Os modelos dimensionais representam os estados emocionais como uma combinação de um pequeno número de dimensões independentes. Embora existam três dimensões a utilizar [15], os modelos mais comuns incluem duas. A primeira dimensão representa o nível de Ativação (também designado por Atividade, Excitação ou Energia), que contém valores entre calmo e energético; e a segunda dimensão representa o nível de Valência (também designado por Stress ou Prazer), que contém valores entre negativo e positivo.

Os famosos modelos bidimensionais de emoção são: O modelo do circumplexo de Russell [16], o modelo de Thayer [17] e o modelo de Tellegen-Watson-Clark (TWC). Russell concebeu um modelo em que as emoções são colocadas num círculo num espaço bidimensional. As dimensões são designadas por excitação e prazer. Thayer modelou os estados emocionais utilizando as dimensões Energia e Stress. No modelo

TWC, os eixos das duas dimensões são rodados num ângulo de 45° em relação aos eixos da Valência e da Excitação [18]. Desta forma, uma dimensão combina a valência positiva com uma excitação elevada e é designada por Afeto Positivo, enquanto a outra combina a valência negativa com uma excitação elevada e é designada por Afeto Negativo.

1.6 Fontes das emoções musicais

Os filósofos da música foram dos primeiros a debater a existência de emoções induzidas pela música, sendo os crentes e os não crentes designados por emotivistas e cognitivistas, respetivamente [21]. Um dos principais defensores da posição cognitivista argumenta que as peças musicais que soam felizes e tristes não evocam verdadeira felicidade e tristeza nos ouvintes. Pelo contrário, as respostas afectivas resultam das avaliações que os ouvintes fazem da música. Por outras palavras, os ouvintes referem-se à música como feliz ou triste porque a música expressa o estado de espírito de felicidade ou tristeza, e não faz com que o ouvinte se sinta feliz ou triste.

A maioria das teorias emotivistas sugere que a música evoca ou induz efetivamente sentimentos nos ouvintes. Foram feitas várias tentativas para lidar com a dificuldade de explicar as reacções emocionais à música em termos de avaliações cognitivas. Alguns académicos negam que as emoções envolvam necessariamente avaliações e argumentam que outros mecanismos podem dar origem a emoções musicais

1.7 Questões sobre o reconhecimento de emoções musicais

A música desempenha um papel importante na história da humanidade e quase toda a música é criada para transmitir emoções. O reconhecimento de emoções musicais (MER) tem tido um grande desenvolvimento nestes anos e, aparentemente, desempenhará um papel importante no entretenimento digital e na interação harmoniosa homem-máquina [1]. No entanto, a ligação entre a música e os sentimentos (emoção) é provavelmente a mais simples e profunda. O papel crucial da emoção na experiência musical é, desde há muito, objeto de reflexão filosófica e de estudo empírico.

Muitas questões relacionadas com o reconhecimento de emoções musicais têm sido abordadas por diferentes disciplinas, como a psicologia, a fisiologia, a musicologia e as ciências cognitivas [19], [17], [20]. O reconhecimento de emoções a partir de sinais de música é uma tarefa difícil devido às seguintes razões - Primeiro, a observação de emoções é basicamente subjectiva e as pessoas podem reconhecer emoções diferentes para a mesma canção. Em segundo lugar, não é fácil exprimir a emoção de uma forma global porque os adjectivos utilizados para descrever as emoções podem não ser claros, e a utilização de adjectivos para a mesma emoção pode variar de pessoa para pessoa. Em terceiro lugar, continua a ser difícil saber como é que a música evoca emoções. Os sistemas computacionais de reconhecimento do estado de espírito da música podem basear-se num modelo de emoção, embora essas representações continuem a ser um tópico ativo da investigação em psicologia.

1.8 Objetivo do trabalho

O objetivo deste trabalho é desenvolver sistemas de reconhecimento de emoções para música utilizando bases de dados emocionais. Os sistemas de reconhecimento de emoções musicais têm recebido muita atenção na literatura recente. No reconhecimento de emoções musicais, o sistema faz uso de caraterísticas como Timbre (MFCC), ritmo e harmonia. As caraterísticas da fase residual não estão expostas ao reconhecimento da emoção musical. A caraterística da fase residual (RP), que contém informações específicas da emoção, é utilizada para reconhecer emoções neste trabalho. As caraterísticas do timbre (MFCC) e da fonte de excitação (fase residual) são combinadas ao nível da pontuação para melhorar o desempenho do sistema. O método proposto baseia-se em diferentes técnicas de classificação para o reconhecimento de emoções utilizando caraterísticas extraídas da música.

1.9 Esboço do trabalho

Duas etapas importantes realizadas no MER são a extração de caraterísticas e a classificação. A importância, na determinação da extração de caraterísticas dos sinais musicais, reside no facto de representarem bem a música e de o cálculo poder ser efectuado de forma eficiente. Grande parte do trabalho sobre a extração de caraterísticas da música é dedicado às caraterísticas de timbre baseadas no MFCC. O MFCC, uma caraterística de textura de timbre bem conhecida ou caraterística de espetro, é a caraterística individual com melhor desempenho utilizada no reconhecimento da fala, que pode ser examinada para a modelação da música. Entre as caraterísticas regulares utilizadas no MER, este trabalho procura novas caraterísticas para o reconhecimento das emoções musicais.

A caraterística de fase residual (RP) é uma caraterística de fonte de excitação utilizada por muito poucos investigadores para o reconhecimento de oradores. Neste trabalho, pode ser utilizada para explorar a informação específica da emoção presente no sinal musical. É definida como o cosseno da função de fase do sinal analítico derivado do resíduo LP. O resíduo LP demonstra a presença de informação específica de áudio obtida após a remoção da parte previsível do sinal [3]. Sabe-se que o resíduo de um sinal é menos subjetivo a degradações do que a informação espetral. Assim, os sistemas construídos utilizando o resíduo podem ser robustos contra as degradações. Este facto realça a importância da informação presente no resíduo LP do sinal musical.

As caraterísticas MFCC e as caraterísticas da fase residual são combinadas ao nível da pontuação para melhorar o desempenho do sistema e são utilizadas com técnicas de classificação de padrões como a rede neural autoassociativa, a máquina de vectores de apoio e a rede neural de função de base radial para o reconhecimento da emoção musical. As taxas de reconhecimento dos modelos mostram que a informação específica da emoção está presente no sinal de fase residual.

1.10 Organização do relatório

O objetivo do trabalho de investigação apresentado, neste relatório, é desenvolver um sistema de reconhecimento de emoções para música a partir de uma base de dados emocional. O conteúdo do relatório está organizado da seguinte forma:

- ✓ No capítulo 2 é feita *uma* análise de alguns dos métodos existentes para o reconhecimento de emoções musicais. Nas Secções 2.1 e 2.2, são apresentadas as caraterísticas e as técnicas de modelação mais utilizadas para o reconhecimento de emoções musicais.
- ✓ O Capítulo 3 explica as caraterísticas utilizadas no reconhecimento de emoções musicais. Na secção 3.2, é proposta uma nova caraterística para o reconhecimento de emoções musicais.
- ✓ No capítulo 4, são apresentadas as técnicas de reconhecimento de emoções musicais. Os modelos de rede neural autoassociativa (AANN), máquina de vectores de apoio (SVM) e rede neural de função de base radial (RBFNN) são apresentados nas secções 4.1, 4.2 e 4.3. .
- ✓ O capítulo 5 apresenta os resultados experimentais e a discussão.
- ✓ O capítulo 6 resume o trabalho apresentado no presente relatório. O capítulo destaca as contribuições desta investigação e as direcções para a investigação futura.

CAPÍTULO 2
REVISÃO DA LITERATURA

A determinação do conteúdo emocional da música requer não só o processamento de sinais e a aprendizagem automática, mas também uma compreensão da perceção auditiva, da psicologia e da teoria musical. Os trabalhos relacionados citados baseiam-se em dois aspectos: as caraterísticas relacionadas com os estados de espírito ou as emoções da música e os esquemas de classificação.

2.1 Caraterísticas no reconhecimento de emoções musicais

As caraterísticas acústicas baseadas no conteúdo são categorizadas como caraterísticas de textura de timbre, caraterísticas de conteúdo rítmico e caraterísticas de conteúdo de altura, harmonia e caraterísticas temporais [21]. As caraterísticas de timbre incluem caraterísticas cepstrais, como os coeficientes cepstrais de frequência mel (MFCC). As caraterísticas rítmicas contêm a regularidade do ritmo, a informação da batida e do tempo, como a batida por minuto (BPM) e o histograma do ritmo. As caraterísticas de altura (pitch) tratam da informação de frequência dos sinais musicais. As caraterísticas de harmonia incluem o cromograma e as caraterísticas temporais incluem o centróide temporal. Embora algumas caraterísticas sejam utilizadas em vários trabalhos, mas não tão frequentemente no reconhecimento de emoções na música, tais como as caraterísticas DWCH [22], as caraterísticas de contraste espetral da escala de oitavas, o tempo de ataque do registo, etc,

2.1.1 Caraterísticas do timbre

O timbre é definido como a caraterística perceptiva de uma nota ou som musical que distingue diferentes tipos de produção sonora, como vozes ou instrumentos musicais. A utilização de caraterísticas de timbre tem origem no reconhecimento de voz [1]. A extração de caraterísticas de timbre requer o pré-processamento dos sinais sonoros. Os sinais são divididos em quadros estatisticamente estacionários, geralmente através da aplicação de uma função de janela em intervalos fixos. A aplicação de uma função de janela remove os chamados "efeitos de borda". As funções de janela mais populares incluem a função de janela de Hamming e a função de janela de Blackman. Algumas das caraterísticas de timbre são

• **Caraterísticas de contraste espetral à escala de oitava**: Numa caraterística de contraste espetral baseada numa oitava que calcula as envolventes espectrais, os espectros em cada sub-banda são calculados em média a sudoeste. Por conseguinte, só é possível obter informações sobre as caraterísticas espectrais médias. A caraterística de contraste espetral baseada em oitavas considera a intensidade dos picos e vales espectrais em cada sub-banda separadamente, de modo que tanto as caraterísticas espectrais relativas, na sub-banda, como a distribuição dos componentes harmónicos e não harmónicos são codificadas na caraterística.

O procedimento para calcular a caraterística de contraste espetral é muito semelhante ao processo utilizado para calcular os MFCCs. Em primeiro lugar, efectua-se uma FFT do sinal para obter o espetro. O conteúdo espetral do sinal é então dividido num pequeno número de sub-bandas por filtros de escala de oitava, por oposição aos filtros de escala Mel utilizados para calcular os MFCC. No cálculo dos MFCC, a fase seguinte consiste em somar as amplitudes da FFT na sub-banda, ao passo que no cálculo do contraste espetral, os espectros são ordenados por ordem decrescente de intensidade e, em seguida, é registada a intensidade dos espectros que representam os picos e os vales espectrais do sinal da sub-banda.

A fim de assegurar a estabilidade da caraterística, os picos e vales espectrais são estimados pela média de uma pequena vizinhança em torno do máximo e do mínimo da sub-banda. Finalmente, o vetor de caraterísticas bruto é convertido para o domínio logarítmico. O autor, num estudo [23], propôs uma classificação de música baseada em caraterísticas espectrais e cepstrais (fusão) que atinge um concurso de classificação de géneros com uma precisão de classificação de 84,07%.

-Coeficientes cepstrais de frequência mel **(MFCC):** O MFCC é um conjunto de caraterísticas popular no processamento da fala, modelação musical [24] e reconhecimento de emoções [25]. Esta caraterística é obtida através do seguinte processo. Em primeiro lugar, calculamos, para cada fotograma, o logaritmo do espetro de amplitude com base na transformada de Fourier de curto prazo, em que as frequências são divididas em treze caixas utilizando o escalonamento de frequências de Mel. (O "cepstrum" é a FFT deste logaritmo.) Depois aplicamos a transformada discreta do cosseno para descorrelacionar os vectores Mel-espectrais. [26] utilizou o MFCC e a caraterística de frequência de formantes e registou 82,14% com o multiclassificador. Os autores registaram 87,0% de reconhecimento com as caraterísticas MFCC e a técnica de regressão [27] e em [21], o MFCC e o classificador SVM foram utilizados para classificar seis emoções e obtiveram um desempenho de 50,0%. Em [22], o MFCC foi utilizado para a pesquisa de semelhanças musicais com base no conteúdo e para a deteção de emoções com base no classificador SVM, tendo sido obtido um desempenho de cerca de 70,0%.

- **Histograma dos coeficientes da wavelet de Daubechies:** A técnica de classificação musical calcula os histogramas dos coeficientes da wavelet de Daubechies em várias sub-bandas de frequência com várias resoluções. Os coeficientes são depois utilizados como entrada para uma técnica de aprendizagem automática para identificar o género e o conteúdo emocional da música. O método tem as seguintes etapas:

1. Receber o sinal eletrónico num dispositivo informático;
2. Realização de uma decomposição wavelet do sinal eletrónico para obter uma pluralidade de coeficientes wavelet numa pluralidade de sub-bandas;

3. Formação de um histograma dos coeficientes wavelet em cada uma das sub-bandas;
4. Calcular a média, a variância e a assimetria de cada um dos histogramas;
5. Cálculo de uma energia de sub-banda de cada um dos histogramas; e
6. Formar o conjunto de caraterísticas de modo a que o conjunto de caraterísticas inclua a média, a variância, a assimetria e a energia da sub-banda de pelo menos algumas das sub-bandas.

Foi introduzido o histograma do coeficiente wavelet de Daubechies (DWCH) para a extração de caraterísticas musicais na recuperação de informação musical [28]. Os histogramas são calculados a partir dos coeficientes do filtro wavelet db8 Daubechies aplicado a 3 segundos de música. Um estudo comparativo das caraterísticas do som e dos algoritmos de classificação num conjunto de dados compilado por Tzanetakis mostra que a combinação do DWCH com caraterísticas de timbre (MFCC e FFT), com a utilização de extensões multiclasse da máquina de vectores de apoio, atinge aproximadamente 80,0% de precisão.

2.1.2 Caraterísticas de harmonia

Harmónicos observados nos tons da música. Enquanto as sequências de tons criam melodias - a "melodia" de uma música - e a única parte reproduzível por um instrumento monofónico como a voz. Outro aspeto essencial da música é a harmonia, a apresentação simultânea de notas em diferentes alturas.

- **Cromograma**: O cromagrama é um método bem estabelecido para estimar os componentes da classe de pitch ocidental dentro de um curto intervalo de tempo [29]. É, essencialmente, uma versão circular do espetrograma logaritmicamente deformado, onde as frequências correspondentes ao croma em diferentes oitavas são agrupadas e somadas para estimar a energia em cada uma das 12 classes de altura. Utilizando esta caraterística, é por vezes possível obter uma indicação da tonalidade e modalidade musical global. O cromagrama é melhor quando se utiliza a distância de correlação como medida de semelhança de áudio. A base de dados de recuperação de música de Jonathan Foote ajuda a fazer experiências para obter resultados finais que mostram que a precisão da recuperação pode atingir mais de 96,7% utilizando o cromagrama como caraterística, mesmo quando a relação sinal/ruído é de 0 dB [30].

2.1.3 Caraterísticas do ritmo

O ritmo, que é composto por caraterísticas rítmicas como o andamento e a batida, é um dos elementos mais importantes da música. É identificado com a regularidade temporal de uma peça musical.

- **Tempo e batida:** A batida é um elemento rítmico fundamental da música. O tempo é geralmente definido como as batidas por minuto (BPM), que é utilizado para representar a caraterística rítmica global da música. O tempo e a regularidade dos batimentos podem ser medidos de várias formas. O rastreio dos batimentos e a análise do tempo são medidos para identificar as canções a partir de uma grande base de dados e registaram uma precisão de 51,0% e uma classificação recíproca média (MRR) de 0,53% [31]. Outro estudo [32] dá uma visão geral do algoritmo de deteção de batimentos utilizado para a deteção de emoções, que não tem de ser em tempo real, mas de preferência para detetar as alterações no tempo, de modo a que esta informação possa ser utilizada.

- **Histograma de ritmo:** É obtido através da soma dos coeficientes de modulação de amplitude em bandas críticas. A média do histograma de ritmo pode também ser considerada como uma estimativa do tempo médio. Estas caraterísticas também podem ser extraídas pelo extrator de padrões rítmicos (RP) [33].

2.1.4 Caraterísticas temporais

- **Centróide temporal e tempo de ataque do registo**: O tempo de ataque logarítmico caracteriza o ataque de um som. O tempo de ataque é o logaritmo do tempo que demora desde o início de um sinal sonoro até ao momento em que a amplitude atinge o primeiro máximo significativo. O centroide temporal e o tempo de ataque logarítmico, por outro lado, são dois descritores de timbre de instrumentos harmónicos MPEG-7 que descrevem o envelope de energia [20]. O primeiro é simplesmente a média temporal sobre o envelope de energia, enquanto que o segundo é o logaritmo da duração entre o momento em que o sinal começa e o momento em que o sinal atinge o seu valor máximo de energia. Por defeito, a hora de início é definida como a hora em que o sinal atinge 50,0% do valor máximo de energia. Tanto o centroide temporal como o logaritmo do tempo de ataque são frequentemente utilizados na classificação de instrumentos musicais [34].

• **Taxa de passagem por zero:** A taxa de passagem por zero é a taxa de mudanças de sinal ao longo de um sinal, ou seja, a taxa a que o sinal muda de positivo para negativo ou vice-versa. Esta caraterística tem sido muito utilizada tanto no reconhecimento da fala como na recuperação de informação musical, sendo uma caraterística fundamental para classificar os sons de percussão. Nalguns casos, apenas os cruzamentos "positivos" ou "negativos" são contados, em vez de todos os cruzamentos, uma vez que, logicamente, entre um par de cruzamentos positivos adjacentes deve haver um e apenas um cruzamento negativo. Para sinais tonais monofónicos, a taxa de cruzamento de zero pode ser utilizada como um algoritmo primitivo de deteção de altura. A taxa de cruzamento de zero é frequentemente utilizada para discriminar ruído, fala e música [35], [36], [37]. O seu valor é tipicamente elevado para o ruído e a fala, modesto para a música com vozes e baixo para a música instrumental.

2.2 Modelos no reconhecimento de emoções musicais

Os modelos analisados na tarefa de reconhecimento de emoções musicais incluem tanto a classificação supervisionada como a não supervisionada. Muitos dos investigadores implementaram o seu trabalho com uma abordagem de classificação mais supervisionada do que não supervisionada, porque não são necessárias regras para atribuir uma música a uma determinada classe - os algoritmos aprendem essas regras a partir dos dados de treino.

2.2.1 Vizinho mais próximo de K

O classificador k-nearest neighbor (k-nn) é um exemplo de um classificador não paramétrico [38], [39] e [40]. O algoritmo básico deste tipo de classificadores é simples. Para cada vetor de caraterísticas de entrada a classificar, é feita uma pesquisa para encontrar a localização dos k exemplos de treino mais próximos [41] e, em seguida, atribuir a entrada à classe que tem os maiores membros nessa localização. É utilizada uma medida de distância para medir a vizinhança. As categorias de emoções [42] da música são obtidas e adaptadas à tarefa de classificação multi-rótulo.

2.2.2 Modelo oculto de Markov

O modelo de Markov oculto (HMM) é um processo estocástico duplamente incorporado em que o processo estocástico subjacente não é diretamente observável. Os modelos de Markov ocultos (HMM) são um meio altamente eficaz para a análise de sequências. Um HMM modela não só os sons de áudio subjacentes, mas também a sequência temporal dos sons. As caraterísticas de entropia e dinamismo são integradas ao longo do tempo através de um modelo de Markov oculto (HMM) ergódico de 2 estados (fala e não-fala) com restrições de duração mínima em cada estado do HMM. O HMM de dois estados (fala/não-fala) utiliza estas caraterísticas bidimensionais (entropia e dinamismo) cujas distribuições são modeladas através de densidades multigaussianas ou de um MLP secundário. Os parâmetros deste HMM são treinados de forma supervisionada utilizando o algoritmo de Viterbi. O sistema de reconhecimento de acordes [43] baseado no modelo de Markov oculto era concetualmente consistente com a teoria musical [44] e foi considerado eficaz e mais eficiente em termos de tempo do que os sistemas convencionais de reconhecimento de acordes.

2.2.3 Máquina de vetor de suporte

A SVM foi originalmente desenvolvida para problemas de classificação de duas classes. O problema de classificação de N classes pode ser resolvido utilizando N SVMs. Cada SVM separa uma única classe de todas as restantes classes (abordagem um-vs-resto). Num estudo [45], é apresentada a estrutura para detetar as emoções da música e das imagens. O autor defende que a deteção paralela de emoções em música e imagens é utilizada na navegação e visualização de bibliotecas multimédia. Neste contexto, foram avaliadas caraterísticas espectrais e de timbre baseadas em MFCC, com máquina de vectores de suporte (SVM) e modelo de mistura gaussiana, para a tarefa de deteção de emoções. Os resultados mostram uma precisão de 48,5% na deteção de emoções em música e ligeiramente superior para imagens. O autor num estudo [46] propôs um esquema guiado para recomendação de música, desenvolveu sistemas de aprendizagem ativa, uma abordagem que pode fornecer recomendações baseadas em qualquer contexto musical definido pelo utilizador. Para verificação, foram utilizados classificadores SVM binários com caraterísticas MFCC e o sistema obteve um desempenho máximo de 45,2%. O SVM multi-classe [27] foi utilizado para reconhecer emoções e empregou uma política de formação de um para um, obtendo uma precisão de reconhecimento de cerca de 91,52%.

2.2.4 Rede Neural de Função de Base Radial

A rede neural de função de base radial (RBFNN) é uma arquitetura feedforward com uma camada de entrada, uma camada oculta e uma camada de saída [47], [48]. A RBFNN resolve o problema de classificação transformando o espaço de entrada num espaço de dimensão elevada de uma forma não linear [47].

A RBFNN utiliza a função de base gaussiana como função de base radial na camada oculta. O significado da função de base radial é o facto de a saída ser uma função da distância radial. A função de base gaussiana para a ith unidade oculta para um vetor de entrada (x_j) é dada por onde m_i e cm_2 são a média e o desvio padrão do i-ésimo agrupamento. Um algoritmo de agrupamento, como o k-means [49], é utilizado para agrupar os vectores de treino em N_h clusters, em que N_h é o número de unidades na unidade oculta

$$g_i(x_j) = \exp\left(\frac{-\|x_j - m_i\|^2}{2\sigma_i^2}\right) \quad (2.1)$$

2.2.5 Análise de componentes principais

A análise de componentes principais (ACP) é uma técnica estatística multivariada que permite reduzir a dimensão de um vetor para uma dimensão inferior utilizando um espaço de factores ortogonais. Suponhamos que $x1, x2, \ldots, xp$ são P vectores de treino, cada um pertencente a uma das N classes {a1, a1 , . . . , a_N}. Então, o vetor de treino, xp, pode ser projetado para um vetor de dimensão inferior, yp, utilizando uma transformação linear ortonormal dada por

$$y_p = W^T x_p \quad (2.2)$$

A matriz de transformação (**W**) pode ser obtida a partir dos valores próprios e dos vectores próprios da matriz de covariância (2) dos dados de entrada. Por definição, a covariância dos dados de entrada pode ser estimada como

$$\Sigma = \frac{1}{P}\sum_{p=1}^{P}(x_p - \mu)(x_p - \mu)^T \quad (2.3)$$

em que ***p.*** é o vetor médio de todas as classes de formação.

2.2.6 Análise Discriminante Linear

A análise de componentes principais produz projecções sem utilizar qualquer informação sobre o sujeito (específica da classe). Assim, as projecções da PCA são óptimas para a reconstrução dos padrões, mas podem não ser adequadas para fins de discriminação. A análise discriminante linear (LDA) obtém direcções de projeção utilizando informação específica da classe dos padrões. Esta informação é útil para desenvolver um método para reduzir a dimensão do espaço de caraterísticas, de modo a que os clusters resultantes sejam mais adequados para efeitos de classificação. A LDA determina a matriz de projeção W_{LDA} de forma a maximizar o rácio da dispersão entre classes e a dispersão dentro da classe

$$W_{LDA} = \arg\max_{W} \frac{|W^T S_B W|}{|W^T S_W W|} \quad (2.4)$$

em que S_B é a matriz de dispersão entre classes e S_W é a matriz de dispersão no interior da classe. São dadas por

$$S_B = \sum_{i=1}^{N} T_i (\mu_i - \mu)(\mu_i - \mu)^T, \quad (2.5)$$

$$S_B = \sum_{i=1}^{N} \sum_{x_k \in X_i} (x_k - \mu_i)(x_k - \mu_i)^T. \quad (2.6)$$

Nas expressões acima, T_i é o número de amostras de treino na classe *i*, *N* é o número de classes distintas, μ_i é o vctor médio das amostras pertencentes à classe i e ***Xi*** representa o conjunto de amostras pertencentes à classe *i*. A matriz de projeção W_{LDA} em (2.4) é constituída pelos vectores próprios de $S_W^{-1} S_B$ associados aos maiores valores próprios. A PCA pode ser mais eficaz do que a LDA se o número de amostras por classe for pequeno ou se os dados de treino não forem uma amostra uniforme da distribuição subjacente [50].

CAPÍTULO 3

EXTRACÇÃO DE CARACTERÍSTICAS PARA O RECONHECIMENTO DE EMOÇÕES MUSICAIS

3.1 Coeficientes Cepstrais de Frequência Mel

As caraterísticas tímbricas baseadas nos coeficientes cepstrais de frequência mel (MFCC) são geralmente calculadas dividindo o sinal de áudio em fotogramas estatisticamente estacionários. O MFCC provou ser uma das caraterísticas mais bem sucedidas em tarefas de reconhecimento relacionadas com a fala e a música. O mel-cepstrum explora os princípios auditivos, bem como a propriedade de descorrelação do cepstrum. As caraterísticas MFCC para um segmento de um ficheiro de música são calculadas utilizando o seguinte procedimento [20]:

(1) A forma de onda da música é primeiro janelada com uma janela de análise e é calculada a transformada discreta de Fourier a curto prazo (STFT).

(2) A magnitude é então ponderada por uma série de respostas de frequência de filtro, cujas frequências centrais e larguras de banda coincidem aproximadamente com as dos filtros de banda críticos auditivos. Estes filtros seguem a escala mel com os bordos da banda e as frequências centrais dos filtros, são lineares para baixas frequências e aumentam logaritmicamente com o aumento da frequência. Estes filtros são filtros de escala mel e constituem coletivamente um banco de filtros de escala mel. Este banco de filtros, com respostas em frequência de forma triangular, é uma aproximação grosseira aos filtros de banda críticos auditivos reais que cobrem uma gama de 4000 Hz.

(3) É calculado o logaritmo da energia na STFT ponderada pela resposta em frequência de cada filtro mel-scale.

(4) Finalmente, a transformada discreta do cosseno (DCT) é aplicada à saída do banco de filtros para produzir os coeficientes cepstrais.

$$Cepstrum(frame) = IDFT(\log(|DFT(frame)|)) \qquad (3.1)$$

Para a extração de caraterísticas acústicas, o sinal de música é dividido em quadros de 20 ms, com um deslocamento de 10 ms. Neste trabalho, o MFCC de 39ª ordem é utilizado para captar as caraterísticas estáticas e dinâmicas do sinal musical. Contém coeficientes estáticos de 13ª ordem, coeficientes delta de 13ª ordem e coeficientes de aceleração de 13ª ordem (delta-delta), resultando num vetor de caraterísticas MFCC de 39 dimensões para cada fotograma. O vetor de caraterísticas MFCC de 39 dimensões extraído do sinal de música de entrada para cinco emoções é apresentado na Fig. 3.1.

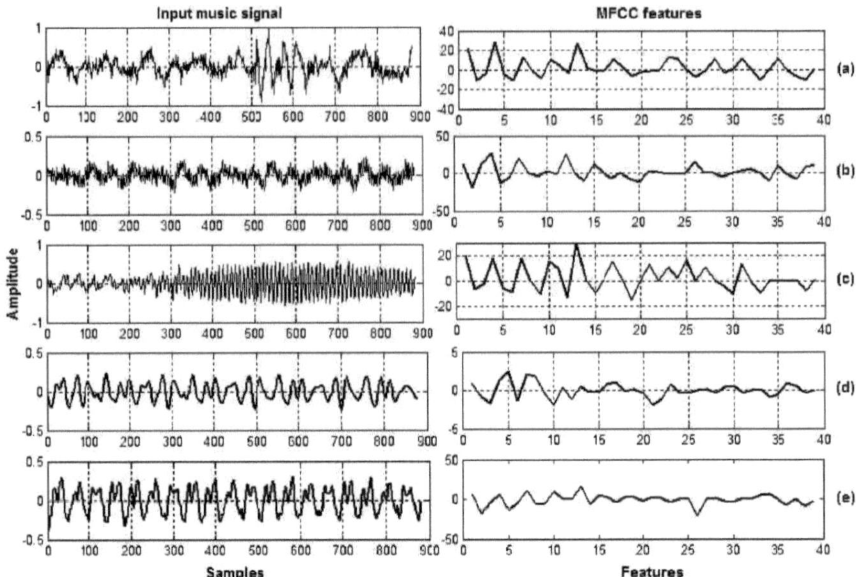

Fig. 3.1: Caraterísticas MFCC de 39 dimensões e respetivo sinal musical de entrada para cinco emoções. (a) Raiva. (b) Medo. (c) Felicidade. (d) Neutro. (e) Triste.

3.2 Fase residual

A ideia básica subjacente à análise preditiva linear [1] é que uma dada amostra de música em n, *s(n)*, pode ser estimada como uma combinação linear das *p* amostras de música anteriores. A previsão das amostras s(*n)* é dada por

$$\dot{s}(n) = \sum_{k=1}^{p} a_k s(n-k) \qquad (3.2)$$

Os LPCs são obtidos através da minimização do erro médio quadrático de previsão ao longo do quadro de análise. Este erro *e(n)* é designado por resíduo de previsão linear (LP) *r(n)* do sinal musical.

em que *p* é a ordem de previsão e os coeficientes $\{a_k\}$k=1,2,. . . *p* é o conjunto de coeficientes de previsão linear (LPCs). O erro de previsão *e(n)* é definido como a diferença entre o valor real *s(n)* e o valor previsto s(*n*) e é dado por

$$e(n) = s(n) - \dot{s}(n) = s(n) - \sum_{k=1}^{p} a_k s(n-k) \qquad (3.3)$$

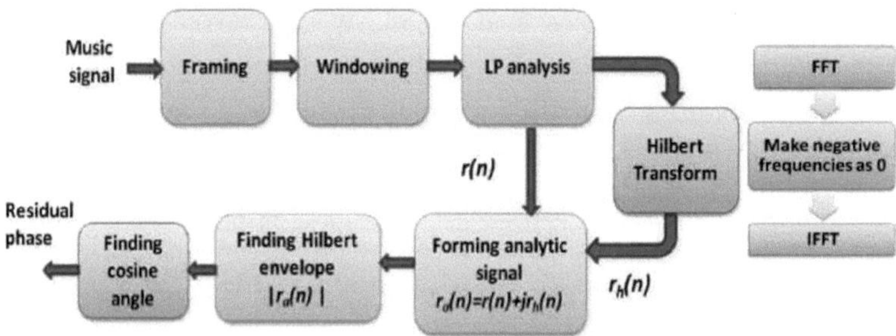

fig. 3.2: extração da fase residual do sinal musical.

O resíduo LP contém muita informação sobre a fonte de excitação. A fase do sinal analítico, derivada do resíduo LP, contém melhor informação específica da emoção [15]. Neste trabalho, a fase residual é utilizada para extrair a informação específica da emoção presente no sinal da fonte de excitação. O sinal analítico $r_a(n)$ correspondente a $r(n)$ [51] é dado por

$$r_a(n) = r(n) + jr_h(n) \qquad (3.4)$$

em que $r_h(n)$ é a transformada de Hilbert de $r(n)$ e é dada por

$$r_a(n) = IFT[R_h(\omega)] \qquad (3.5)$$

$$R_h(\omega) = \begin{cases} -jR(\omega), & 0 \leq \omega < \pi \\ jR(\omega), & -\pi \leq \omega < 0 \end{cases} \qquad (3.6)$$

Aqui, $R(\omega)$é a transformada de Fourier de $r(n)$ e IFT denota a transformada inversa de Fourier. A magnitude do sinal analítico $r_a(n)$ é dada por

$$h_e(n) = |r_a(n)| = \sqrt{r^2(n) + r_h^2}(n) \qquad (3.7)$$

e o cosseno da fase do sinal analítico $r_a(n)$ é dado por

$$\cos(\theta(n)) = \frac{\mathrm{Re}(r_a(n))}{|r_a(n)|} = \frac{r(n)}{h_e(n)} \qquad (3.8)$$

Foi demonstrado [3] que o sinal de fase residual contém informações específicas da emoção que são complementares às caraterísticas do MFCC. A fase residual é definida como o cosseno da função de fase do sinal analítico derivado da previsão linear (LP) residual de um sinal musical. Neste trabalho, a informação específica da emoção a partir das caraterísticas da fase residual é analisada utilizando AANN, SVM e RBFNN. As taxas de reconhecimento dos modelos mostram que a informação específica da emoção está presente no sinal musical. A extração da fase residual é descrita na Fig. 3.2.

Neste trabalho, o sinal de música é amostrado a 44,1 KHz e a ordem LP 16 é utilizada para derivar o resíduo LP. O resíduo LP é extraído do sinal de música emocional através da pré-enfatização dos dados de música de entrada, utilizando um filtro digital de primeira ordem e um tamanho de fotograma de 20 ms com uma sobreposição de 50 por cento entre os dados adjacentes.

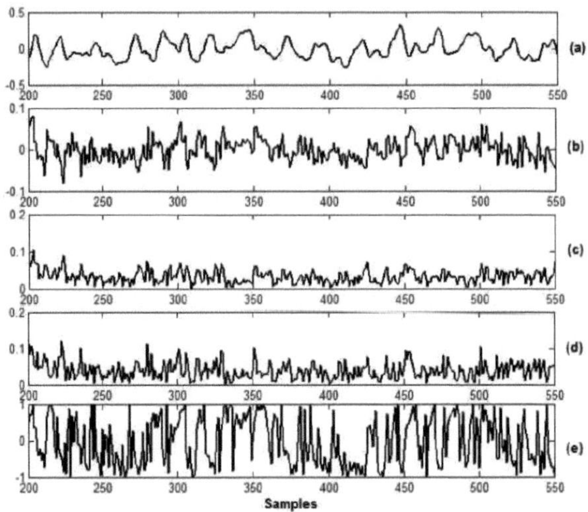

Fig. 3.3: (a) Sinal de música. (b) Sinal residual de LP. (c) Transformada de Hilbert do sinal residual. (d) Envelope de Hilbert. (e) Fase residual.

fotogramas. É extraído o envelope de Hilbert mais elevado em torno de 40 amostras para cada fotograma.

Um segmento do ficheiro de música da emoção raiva, o seu resíduo LP, a transformada de Hilbert do resíduo LP, o envelope de Hilbert e a fase residual são mostrados na Fig. 3.3 e as caraterísticas de fase residual de 40 dimensões extraídas do sinal de música para um único fotograma para cinco emoções são mostradas na Fig. 3.4.

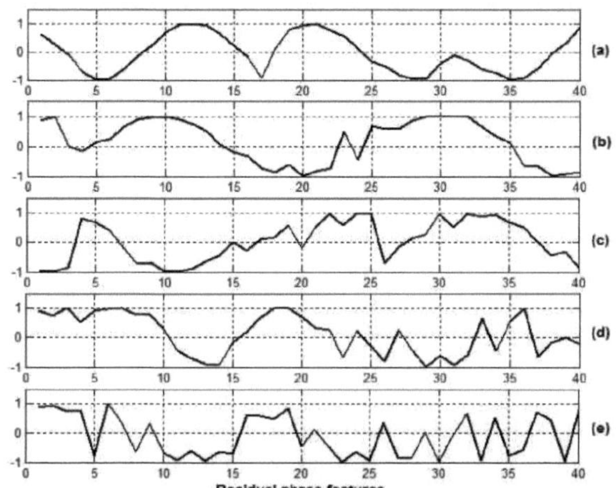

Fig. 3.4: Caraterísticas de fase residual de 40 dimensões para (a) Raiva. (b) Medo. (c) Felicidade. (d) Neutro. (e) Emoções tristes.

CAPÍTULO 4

TÉCNICAS DE RECONHECIMENTO DE EMOÇÕES MUSICAIS

4.1 Rede Neural Autoassociativa (AANN)

Os modelos de redes neuronais podem ser treinados para captar a informação não linear presente no sinal. Em particular, os modelos AANN são basicamente modelos de redes neuronais feed forward (FFNN) que tentam mapear um vetor de entrada sobre si próprio. São constituídos por uma camada de entrada, uma camada de saída e uma ou mais camadas ocultas [52], [53]. O número de unidades, nas camadas de entrada e de saída, é igual ao tamanho dos vectores de entrada. O número de nós, na camada oculta intermédia, é menor do que o número de unidades nas camadas de entrada ou de saída. A camada intermédia é também a camada oculta de compressão de dimensão.

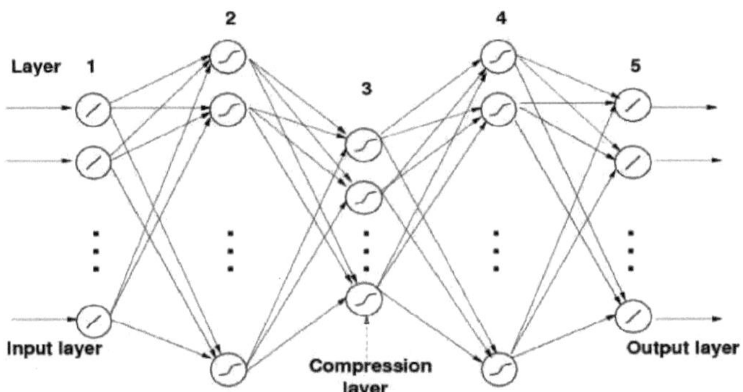

Fig. 4.1: Um modelo AANN de cinco camadas.

A função de ativação das unidades, nas camadas de entrada e de saída, é linear (L), enquanto a função de ativação das unidades, na camada oculta, pode ser linear ou não linear (N). Estudos sobre modelos AANN de três camadas mostram que a função de ativação não linear nas unidades ocultas agrupa os dados de entrada num subespaço linear [54]. Teoricamente, foi demonstrado que os pesos da rede produzirão pequenos erros apenas para um conjunto de pontos em torno dos dados de treino. Quando as restrições da rede são flexibilizadas em termos de camadas, a rede é capaz de agrupar os dados de entrada no subespaço não linear. Assim, neste estudo, é utilizado um modelo AANN de cinco camadas para captar a distribuição dos vectores de caraterísticas, como se mostra na Fig. 4.1.

O reconhecimento de emoções utilizando o modelo AANN é basicamente um processo em duas fases: (i) fase de treino e (ii) fase de teste. Durante a fase de treino, os pesos da rede são ajustados de forma a minimizar o erro quadrático médio obtido para cada vetor de caraterísticas. Se o ajuste dos pesos for feito uma vez para todos os vectores de caraterísticas, diz-se que a rede foi treinada para uma época. Durante a fase de teste (avaliação), as caraterísticas extraídas dos dados de teste são dadas ao modelo AANN treinado para encontrar a sua correspondência.

4.2 Máquina de vetor de suporte (SVM)

A máquina de vectores de apoio [55] é uma técnica de aprendizagem automática estatística útil que tem sido aplicada com êxito nas tarefas de reconhecimento de padrões [56], [57]. Se os dados forem linearmente não separáveis mas não linearmente separáveis, será aplicado o classificador de vectores de apoio não linear. A ideia básica é transformar os vectores de entrada num espaço de caraterísticas de alta dimensão utilizando uma transformação não linear ϕ e, em seguida, fazer uma separação linear no espaço de caraterísticas, como se mostra na Fig. 4.2.

Um classificador de vectores de apoio não linear que implementa o hiperplano de separação ótimo no espaço de caraterísticas com uma função de núcleo $K(x,x_i)$é dado por

$$f(x) = \mathrm{sgn}\left(\sum_{i=1}^{N_{sv}} \alpha_i y_i K(x, x_i) + b \right) \tag{4.1}$$

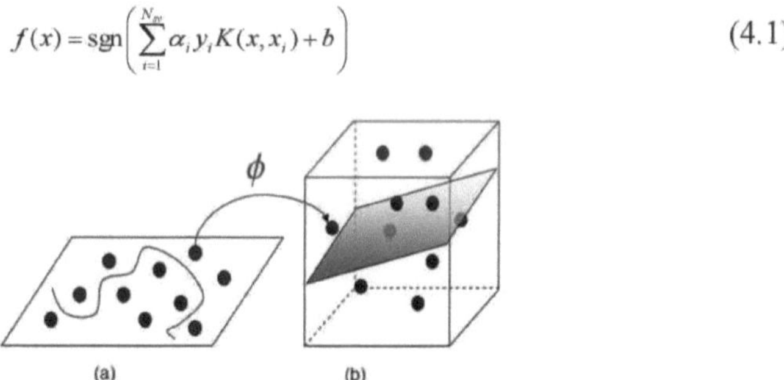

Fig. 4.2: A função de kernel da SVM ϕ (x) mapeia o espaço de entrada bidimensional para um espaço de caraterísticas tridimensional superior. (a) Problema não linear. (b) Problema linear.

em que $x \in R^N$ é o vetor de entrada de dimensão N_f, $\{Xi\}$'?, são os vectores de apoio obtidos a partir do conjunto de treino através de um processo de otimização, N_{SV} é o número total de vectores de apoio e $y_i \in \{-1,1\}$ são as etiquetas de classe associadas. a_i e b são os parâmetros do modelo. K (.,.) é a função de kernel que define o produto interno entre x e x_i e é dada por

$$K(x, x_i) = \Phi^T(x)\Phi(x_i) = (x, x_i) \tag{4.2}$$

A SVM tem duas camadas. Durante o processo de aprendizagem, a primeira camada seleciona a base $K(x,x_i)$ a partir do conjunto de bases definido pelo kernel; a segunda camada constrói uma função linear neste espaço. Isto é completamente equivalente a construir o hiperplano ótimo no espaço de caraterísticas correspondente. A técnica supervisionada baseada em SVM foi proposta [56] rotulando os dados musicais de uma emoção como classe (+1) e as restantes emoções como classe (-1) para treinar um hiperplano SVM e depois classificou cada emoção como (+1) ou (-1).

4.3 Rede neural de função de base radial (RBFNN)

A rede neural de função de base radial (RBFNN) é uma arquitetura de alimentação com uma camada de entrada, uma camada oculta e uma camada de saída [19], [57]. A RBFNN resolve o problema de classificação transformando o espaço de entrada num espaço de dimensão elevada de uma forma não linear [57]. A RBFNN utiliza a função de base gaussiana como função de base radial na camada oculta. O significado da função de base radial é o facto de a saída ser uma função da distância radial. A função de base gaussiana para a ith unidade oculta para um vetor de entrada x_j é dada por onde m_i e $a2$ são a média e o desvio padrão do ith cluster. É utilizado um algoritmo de agrupamento, como o agrupamento k-means, para agrupar os vectores de treino em N_h agrupamentos, em que N_h é o número de unidades na camada oculta. O algoritmo é composto pelas seguintes etapas

$$g_i(x_j) = \exp\left(\frac{-\|x_j - \mu_i\|^2}{2\sigma_i^2}\right) \quad (4.3)$$

1. Inicializar aleatoriamente as amostras para k médias (clusters) μ_1, - - -, μ_K
2. Classificar n amostras de acordo com o μ_K mais próximo.
3. Recalcular μ_K.
4. Repetir os passos 2 e 3 até não haver alterações em μ_K.

CAPÍTULO 5
RESULTADOS EXPERIMENTAIS E DISCUSSÃO

5.1 Base de dados de música

Neste trabalho, o MER categoriza as emoções numa série de classes, como a raiva, o medo, a felicidade, a neutralidade e a tristeza. A base de dados utilizada neste trabalho é a perceção de emoções de sinais de música com uma frequência de amostragem de 44,1 kHz e um formato de onda PCM monofónico de 16 bits. Para cada emoção, são recolhidos 20 ficheiros de música com uma duração de 10 segundos de vários sítios Web em formato .wav, sendo recolhidos 100 ficheiros no total para este trabalho. Dez ficheiros de música são selecionados aleatoriamente para treino e os restantes dez ficheiros de música são utilizados para teste.

Durante a fase de teste, cada 2 segundos de duração do sinal de música é utilizado para testar o modelo. A experiência é repetida uma vez para gerar 500 casos de teste. O desempenho do reconhecimento de emoções é avaliado em termos de taxa de erro igual (EER) e em termos de exatidão. Para a extração das caraterísticas acústicas, o sinal musical é dividido em quadros de 20 ms, com um deslocamento de 10 ms.

5.2 Medidas de desempenho

O desempenho do reconhecimento de emoções é avaliado em termos de taxa de erro igual (EER) e de exatidão ou taxa de reconhecimento (RR).

Taxa de erro igual (EER): A EER é o resultado obtido ajustando o limiar do sistema de modo a que a FAR e a FRR sejam iguais. Uma taxa de falsa aceitação (FAR) é definida como a taxa em que um modelo de emoção dá uma pontuação de confiança elevada quando comparado com o modelo de emoção de teste. Uma taxa de falsa rejeição (FRR) é definida como a taxa a que o respetivo modelo para a emoção de teste dá uma pontuação de confiança baixa quando comparado com um ou mais modelos de emoção. Geralmente, a FAR e a FRR dependem do limiar do sistema t. O erro no qual as duas curvas se intersectam representa o EER.

Exatidão: A exatidão ou taxa de reconhecimento é definida como

O desempenho do reconhecimento de emoções utilizando as caraterísticas MFCC, fase residual e MFCC e fase residual combinadas com AANN, SVM e RBFNN é apresentado numa tabela consolidada na Tabela. 5.3.

$$\text{Accuracy} = \frac{\text{Number of correctly predicted testing}}{\text{Total number of testing}}$$

5.3 MER com AANN

MFCC: Durante a fase de treino, uma única AANN é treinada separadamente para cada emoção. A estrutura AANN 39Lu 50Nu 16Nu 50Nu 39Lu atinge um desempenho ótimo no treino e no teste das caraterísticas MFCC para cada emoção. A estrutura é obtida a partir de estudos experimentais. O desempenho do reconhecimento de emoções é obtido através da variação da segunda (camada de expansão) e da terceira camada (camada de compressão) do modelo AANN. É estudado o efeito da alteração dos neurónios da camada de compressão N_c no desempenho do reconhecimento de música emocional. Não há grandes alterações no desempenho, se N_c estiver entre 15 e 20, e o desempenho de reconhecimento de emoções (ERP) diminui se for inferior a 15 ou superior a 20. Os resultados são apresentados na Tabela 5.1. Do mesmo modo, o desempenho é obtido variando o número de unidades na segunda camada (camada de expansão), mantendo o número de unidades na camada de compressão em 16.

Tabela 5.1: Desempenho do reconhecimento de emoções em termos do número de unidades na camada de compressão

	N_c=10	N_c=15	N_c=20	N_c=25
ERP (%)	88.0	92.0	91.3	89.0

Os vectores de caraterísticas MFCC são dados como valores de entrada e de saída. Os pesos são ajustados para transformar o vetor de caraterísticas de entrada na saída. O número de épocas necessárias depende do erro de treino. Neste trabalho, a rede é treinada durante 500 épocas, mas não se registam grandes alterações no erro de treino após 400 épocas, como se pode ver na Fig. 5.1.

Durante a fase de teste, as caraterísticas MFCC extraídas das amostras de teste são dadas como entrada à AANN e a saída é calculada. A amostra de teste de emoção de raiva com 5 segundos de duração é testada com os cinco modelos e o resultado é apresentado na Fig. 5.2. O resultado é apresentado na Fig. 5.2. Mostra que o modelo de emoção de cólera dá pontuações de confiança elevadas em comparação com os outros modelos. A saída de cada modelo é comparada com a entrada para calcular o erro quadrático normalizado. O erro quadrático normalizado (e) para o vetor de caraterísticas y é dado por, $e = \frac{\| y - o \|^2}{\| y \|^2}$ onde o o vetor de saída é dado pelo modelo. O erro (e) é transformado numa pontuação de confiança (c) utilizando c = exp (-e). A pontuação média de confiança é calculada para cada modelo.

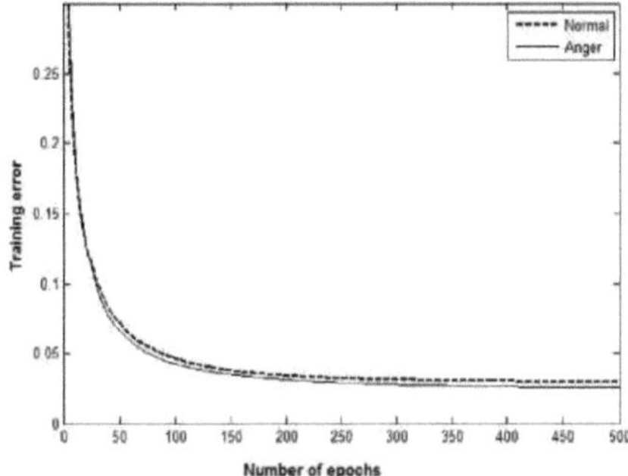

Fig. 5.1: Erro de treino da AANN em função do número de épocas para MER.

A categoria da emoção é decidida com base na pontuação de confiança mais elevada. O desempenho do reconhecimento da emoção musical utilizando as caraterísticas MFCC é avaliado em termos de exatidão e taxa de erro igual. A exatidão é apresentada na matriz. O desempenho médio do reconhecimento das emoções para as cinco emoções é de cerca de 92,0%. Uma taxa de erro igual (EER) de 8,0% obtida através da avaliação do desempenho em termos de FAR e FRR com um limiar de 0,69 é apresentada na Fig. 5.3.

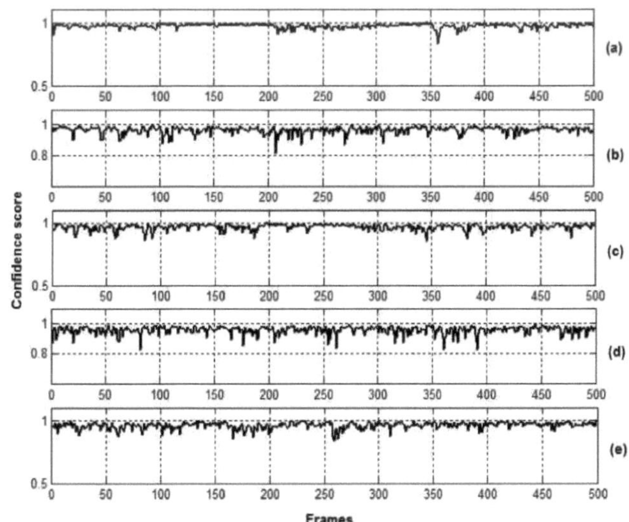

Fig. 5.2: As caraterísticas MFCC extraídas da emoção musical raiva são testadas com as cinco AANNs. (a) Raiva. (b) Medo. (c) Felicidade. (d) Neutro. (e) Triste.

Fase residual: A estrutura AANN 40Lu 60Nu 20Nu 60Nu 40Lu atinge um desempenho ótimo na formação e no teste das caraterísticas da fase residual para cada emoção. Os vectores de caraterísticas da fase residual são dados como entrada e saída. Os pesos são ajustados para transformar o vetor de caraterísticas de entrada na saída. O número de épocas necessárias depende do erro de formação. Durante a fase de teste, as caraterísticas da fase residual das amostras de teste são dadas como entrada à AANN e a saída é calculada. A saída de cada modelo é comparada com a entrada para calcular o erro quadrático normalizado. O erro (e) é transformado numa pontuação de confiança (c) utilizando c= exp (-e). A pontuação média de confiança é calculada para cada modelo.

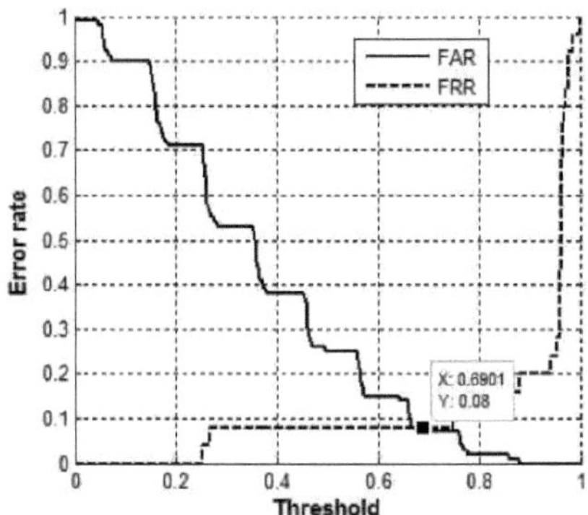

Fig. 5.3: Curvas FAR e FRR utilizando caraterísticas MFCC e AANN.

Tabela 5.2: Desempenho do reconhecimento de emoções musicais utilizando caraterísticas MFCC e AANN

	Emotion Recognition Performance (in %)				
	Anger	**Fear**	**Happy**	**Neutral**	**Sad**
Anger	**98.0**	1.0	0.0	1.0	0.0
Fear	3.0	**94.0**	0.0	2.0	1.0
Happy	2.0	2.0	**85.0**	9.0	2.0
Neutral	1.0	1.0	1.0	**96.0**	1.0
Sad	1.5	3.0	1.5	7.0	**87.0**
Overall Performance = 92.0 %					

Na Fig. 5.4, as amostras de teste de 5 segundos de duração do sinal musical de emoção de raiva são testadas contra todos os outros modelos AANN.

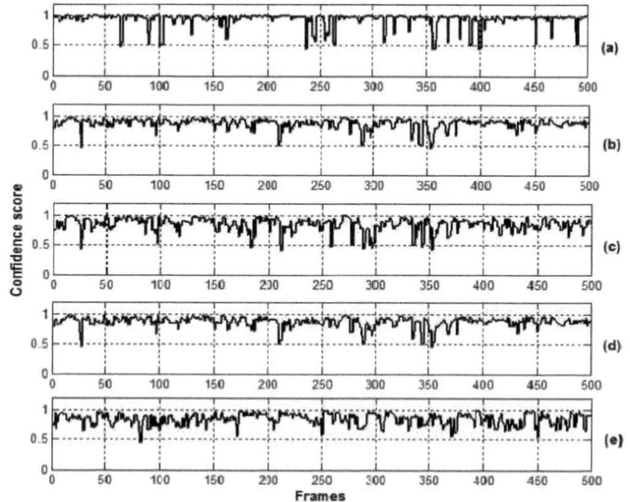

Fig. 5.4: As caraterísticas da fase residual extraídas da emoção raiva são testadas contra as cinco AANNs. (a) Raiva. (b) Medo. (c) Felicidade. (d) Neutro. (e) Triste.

Avaliando o desempenho em termos de FAR e FRR, com um limiar de 0,63, obtém-se uma taxa de erro igual (EER) de 40,0%, como se pode ver na Fig. 5.5(a). O desempenho médio do reconhecimento de emoções é de cerca de 60,0%.

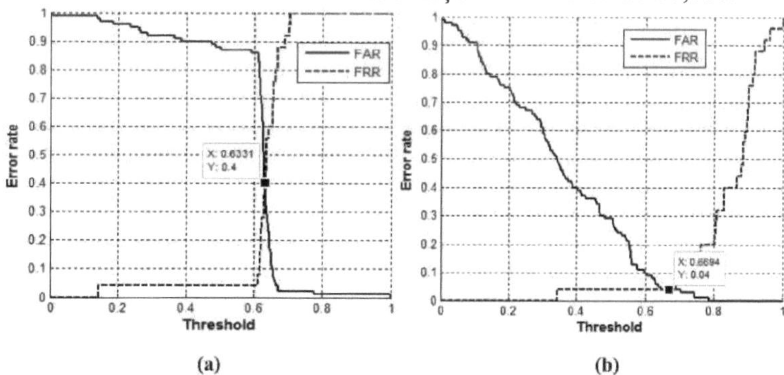

Fig. 5.5: Curvas FAR e FRR para (a) fase residual. (b) caraterísticas combinadas utilizando AANN.

Caraterísticas combinadas : As caraterísticas de excitação (fase residual) e espectrais (MFCC) são combinadas devido à sua natureza complementar. As duas caraterísticas são combinadas ao nível da pontuação utilizando

$$c = ws_1 + (1 - w)s_2 \tag{5.1}$$

em que s1 e s2 são as pontuações ou a saída do modelo para as caraterísticas MFCC e fase residual, respetivamente, e w é o peso, $0 < w < 1$. Neste trabalho, observa-se que para o peso 0,6 (w=0,6) é alcançado um EER de cerca de 4,0% utilizando a AANN através da combinação das caraterísticas e é mostrado na Fig. 5.5(b).

O desempenho global de reconhecimento das caraterísticas combinadas do MFCC e da fase residual é de cerca de 96,0%. O desempenho de reconhecimento das emoções do sistema combinado é mais elevado do que o do sistema individual devido à natureza complementar da fase residual com o MFCC e mostra também que a fase residual contém informações específicas sobre as emoções.

5.2 MER utilizando SVM

O SVM é treinado para distinguir as caraterísticas acústicas (etiqueta de classe '+1') de uma emoção e todas as outras caraterísticas acústicas (etiqueta de classe '-1') no conjunto de treino. As caraterísticas MFCC, extraídas de cada fotograma, têm uma dimensão de 39 e as caraterísticas de fase residual, extraídas de cada fotograma, têm uma dimensão de 40 e são fornecidas como entrada para o modelo SVM. Para cada emoção musical, é criado um único modelo SVM. Todas as emoções musicais pertencentes à mesma categoria são fundidas numa única categoria. No total, são criados cinco modelos SVM. Na fase de treino, o SVM é treinado para distinguir as caraterísticas acústicas de uma emoção (+1) e as caraterísticas acústicas de todas as outras emoções (-1). A SVM é treinada com funções de kernel gaussianas, polinomiais e sigmoidais, das quais o kernel gaussiano proporciona um melhor desempenho no reconhecimento de emoções.

MFCC: Durante o teste, as caraterísticas MFCC, extraídas dos enunciados de teste, são fornecidas como entrada para o modelo SVM. É obtida a distância entre cada um dos vectores de caraterísticas e o hiperplano SVM. O número de pontuações positivas é calculado para cada modelo de emoção. Com base na pontuação, é decidida a categoria da emoção. Este processo é repetido para todos os enunciados de teste de emoções. Como resultado, obtém-se um desempenho médio de reconhecimento de emoções de 94,0%. Variando o limiar, obtêm-se FAR e FRR a partir das pontuações. O EER de 6,0% é obtido com um limiar de 0,49 e é mostrado na Fig. 5.6

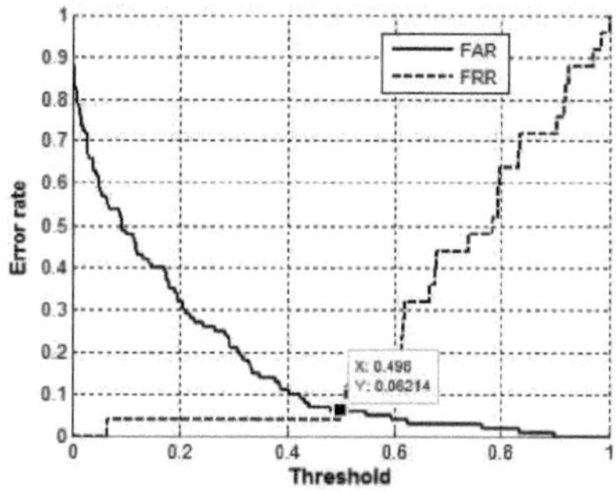

Fig. 5.6: Curvas FAR e FRR utilizando caraterísticas MFCC e SVM.

Uma taxa de falsa aceitação (FAR) é definida como a taxa a que um modelo de emoção dá uma pontuação elevada quando comparado com o modelo de emoção de teste. Uma taxa de falsa rejeição (FRR) é definida como a taxa a que o respetivo modelo para a emoção de teste dá uma pontuação baixa quando comparado com outros modelos de emoção.

Fase residual: Neste trabalho, a ordem 16 da LP é utilizada para derivar o resíduo da LP. O resíduo LP é extraído do sinal de música emocional através da pré-enfatização dos dados de música de entrada utilizando um filtro digital de primeira ordem e um tamanho de fotograma de 20 ms com uma sobreposição de 50 por cento entre fotogramas adjacentes. São extraídos os envelopes de hilbert mais elevados de cerca de 40 amostras para cada fotograma. É desenvolvido um único SVM para uma emoção. São criados cinco modelos SVM para as caraterísticas da fase residual. O desempenho médio de reconhecimento emocional de cerca de 56,0% é obtido após o teste de todos os enunciados de teste.

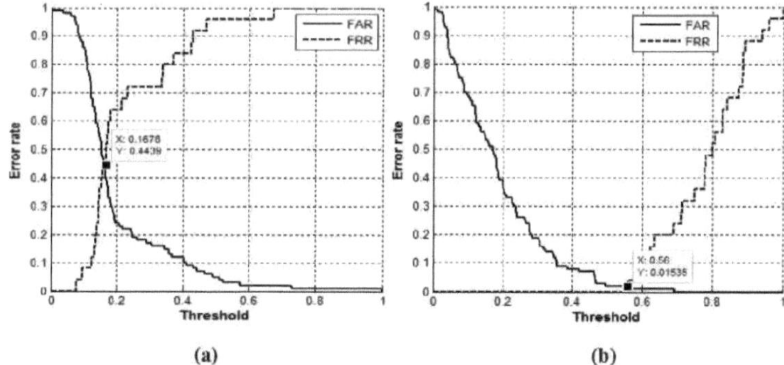

(a) (b)

Fig. 5.7: Curvas FAR e FRR para (a) fase residual. (b) caraterísticas combinadas utilizando SVM.

Ao avaliar o desempenho, em termos de FAR e FRR a partir das pontuações, obtém-se um EER de 44,0% com um limiar de 0,16 e é apresentado na Fig. 5.7(a).

Caraterísticas combinadas: Observa-se que um EER de cerca de 1,0% para as caraterísticas combinadas, avaliando os valores FAR e FRR, é mostrado na Fig. 5.7(b). O sistema global de reconhecimento de emoções é obtido combinando as provas das caraterísticas MFCC e de fase residual e o seu desempenho médio é de 99,0%. A comparação do desempenho de reconhecimento de emoções individuais para MFCC, fase residual e MFCC e RP combinados utilizando SVM é apresentada na Fig. 5.8.

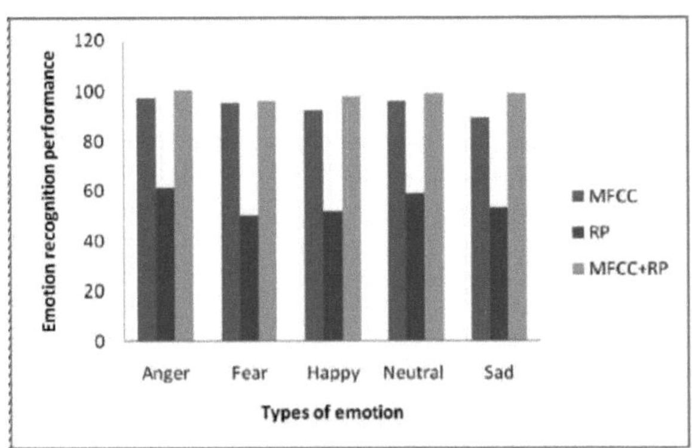

Fig. 5.8: Comparação do desempenho do reconhecimento de emoções musicais utilizando SVM.

5.4. MER utilizando RBFNN

O sistema de reconhecimento de emoções musicais é avaliado em termos do modelo de rede neural de função de base radial. Neste trabalho são estudados cinco tipos de emoções, nomeadamente a raiva, o medo, a alegria, a neutralidade e a tristeza. As cinco emoções são registadas durante 10 segundos a 44100 amostras por segundo. Para o reconhecimento das emoções musicais, são analisados diferentes sinais de emoções musicais, dividindo-os em 20 ms com um deslocamento de 10 ms. Um vetor de caraterísticas MFCC de 39 dimensões e vectores de caraterísticas de fase residual de 40 dimensões são extraídos de cada quadro do sinal musical. Todos os vectores de caraterísticas (MFCC/fase residual) pertencentes a uma mesma categoria são reunidos num único ficheiro. O ficheiro é fornecido como entrada para o modelo RBFNN. O algoritmo k-means é utilizado para encontrar os centros RBF e os pesos são calculados utilizando o algoritmo dos mínimos quadrados. O valor de k varia de 1 a 10, neste trabalho, para cada emoção. O sistema apresenta um desempenho ótimo para k=6 para a caraterística MFCC e fase residual, como se mostra na Fig. 5.9. Para o treino, são extraídos 50000 vectores de caraterísticas do ficheiro de entrada (10000 x 5). O tamanho da matriz G é 50000 x 31 (a última coluna da matriz G é o valor de polarização da RBFNN). O tamanho da matriz de pesos é 31 x 5, que é calculada utilizando o algoritmo dos mínimos quadrados.

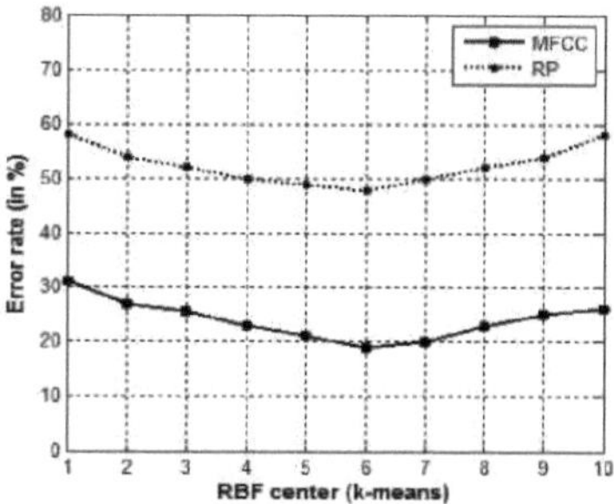

Fig. 5.9: Taxa de erro de reconhecimento de emoções musicais em função do número de centros médios para cada emoção.

MFCC: Durante a fase de teste, as caraterísticas MFCC, extraídas das amostras de teste, são dadas como entrada à RBFNN e a saída é calculada. A amostra de teste da emoção da raiva com 5 segundos de duração é testada e o resultado é apresentado na Fig. 5.10.

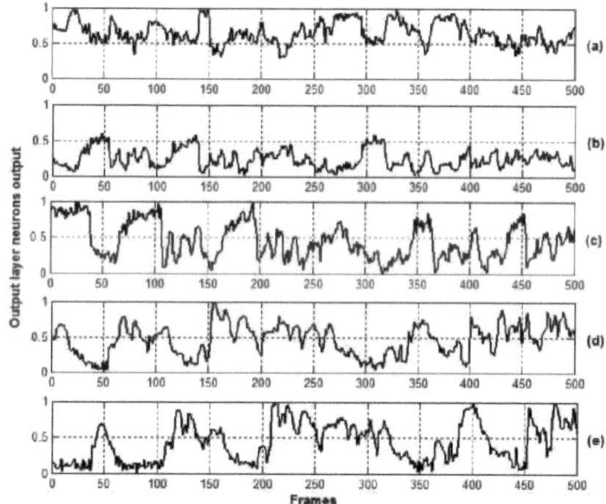

Fig. 5.10: Teste das caraterísticas MFCC da emoção musical raiva utilizando RBFNN. (a) Raiva. (b) Medo. (c) Felicidade. (d) Neutro. (e) Triste. (Cinco resultados da RBFNN).

Isto mostra que a emoção da raiva é bem reconhecida do que outras amostras de música emocional. Ao avaliar a FAR e a FRR, para vários valores de limiar, obtém-se a EER. Na Fig. 5.11, obtém-se um EER de cerca de 9,0% com um limiar de 0,54.

Fase residual: Para além das caraterísticas espectrais, a caraterística da fonte de excitação é utilizada para avaliar o desempenho da RBFNN. A matriz de pesos de tamanho 31 * 5 é calculada utilizando o algoritmo dos mínimos quadrados. Para avaliar o desempenho do sistema, são utilizados os dados de teste de um sinal de música de 5 segundos. O sinal de música de raiva de 500 fotogramas é testado contra outras emoções utilizando a RBFNN e é mostrado na Fig. 5.12.

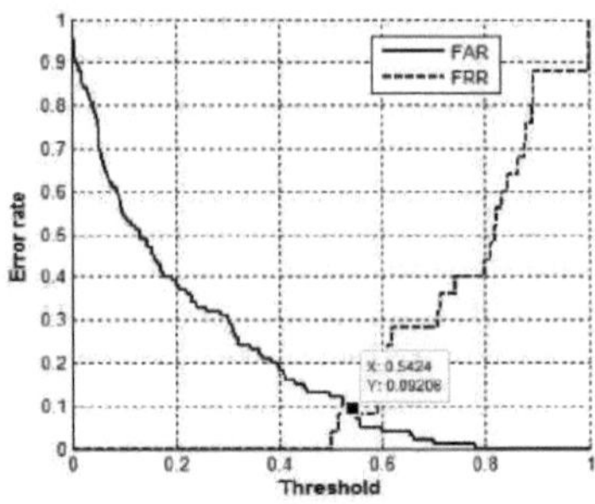

fig. 5.11: curvas FAR e FRR utilizando caraterísticas MFCC e RBFNN.

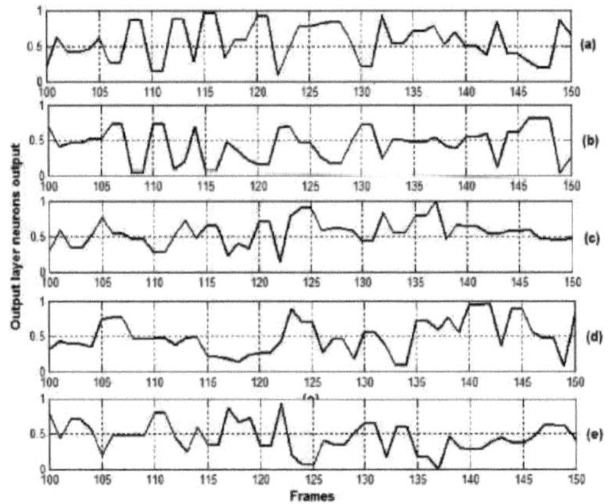

Fig. 5.12: Teste de caraterísticas de fase residual do sinal de música de raiva usando RBFNN. (a) Raiva. (b) Medo. (c) Feliz. (d) Neutro. (e) Triste. (Cinco resultados da RBFNN).

A taxa de reconhecimento global é registada como 53,0% e outra medida de desempenho, o EER, como 47,0%, que são obtidos a partir de FAR e FRR variando o limiar, como se mostra na Fig. 5.13(a).

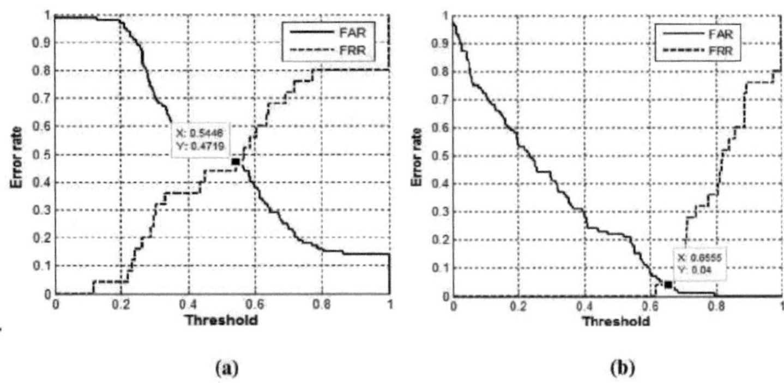

Fig. 5.13: Curvas FAR e FRR para (a) fase residual. (b) caraterísticas combinadas utilizando RBFNN.

Caraterísticas combinadas: Para avaliar o modelo RBFNN, observa-se que um EER de cerca de 4,0% ao avaliar os valores FAR e FRR é apresentado na Fig. 5.13(b). O desempenho global de reconhecimento de 95,0% é obtido combinando a evidência das caraterísticas MFCC e de fase residual.

O desempenho consolidado do reconhecimento de emoções musicais utilizando AANN, SVM e RBFNN é apresentado na Tabela. 5.3. Os resultados da experiência mostram que o MFCC com caraterísticas de fase residual proporciona um desempenho ótimo de 99,0% e um EER de 1,0% utilizando SVM, quando comparado com outros modelos. Isto indica que a fase residual contém informações específicas sobre a emoção na música e que a combinação do MFCC com a fase residual aumenta a taxa de reconhecimento.

Tabela 5.3: Desempenho do reconhecimento de emoções (em %) utilizando AANN, SVM e RBFNN

Model	*Measures*	*Features*		
		MFCC	RP	MFCC+RP
AANN	RR	92.0	60.0	96.0
	ERR	8.0	40.0	4.0
SVM	RR	94.0	56.0	99.0
	EER	6.0	44.0	1.0
RBFNN	RR	92.0	53.0	95.0
	EER	9.0	47.0	4.0

CAPÍTULO 6
RESUMO E CONCLUSÃO

Neste relatório, são propostos métodos para a combinação de coeficientes cepstrais de mel-frequência (MFCC) e caraterísticas de fase residual (RP) para o reconhecimento de emoções na música (áudio). O reconhecimento de emoções, na música, considera as emoções raiva, medo, alegria, neutralidade e tristeza.

Para o reconhecimento de emoções musicais, o MFCC (caraterísticas de timbre) e as caraterísticas de fase residual (fonte de excitação) são extraídos da música emocional e utilizados para criar modelos para cada emoção utilizando AANN, SVM e RBFNN. A informação específica da emoção está contida nas caraterísticas da fase residual do sinal musical e, devido à sua natureza complementar com o MFCC, as caraterísticas combinadas do MFCC e da fase residual aumentam o desempenho do reconhecimento das emoções.

Para a extração das caraterísticas acústicas, o sinal musical é dividido em frames de 20 ms, com um shift de 10 ms. A distribuição das caraterísticas acústicas para cada emoção foi captada utilizando um modelo AANN. Para testar, os vectores de caraterísticas extraídos da música emocional são dados como entrada a cada um dos modelos AANN. A saída do modelo é comparada com a entrada para calcular o erro quadrático normalizado. O erro é transformado numa pontuação de confiança. A emoção a que pertence a amostra de áudio é decidida com base na pontuação de confiança mais elevada. A capacidade de classificação da SVM é analisada utilizando as caraterísticas acústicas (MFCC, fase residual) de uma emoção. A SVM é treinada para distinguir as caraterísticas acústicas de uma emoção e todas as outras caraterísticas acústicas no conjunto de treino. Para testar, as caraterísticas acústicas extraídas do enunciado de teste são dadas como entrada ao modelo SVM e a distância entre cada vetor de caraterística e o hiperplano SVM é obtida. O maior número de correspondências positivas decide a categoria da emoção.

Para o treino da RBFNN, são extraídas dos quadros de áudio 39 caraterísticas dimensionais MFCC e 40 caraterísticas dimensionais de fase residual. Estas caraterísticas são fornecidas como entrada para o modelo RBFNN. Os centros RBF são localizados utilizando o algoritmo de agrupamento k-means. Os pesos são determinados utilizando o algoritmo dos mínimos quadrados. A saída média é calculada para cada um dos neurónios de saída. A emoção, à qual pertence a amostra de música, é decidida com base na saída mais elevada.

As provas das caraterísticas MFCC e de fase residual para a música são combinadas ao nível da pontuação de correspondência utilizando uma regra ponderada. Na fase residual A combinação do MFCC com as caraterísticas de fase residual aumentou o desempenho do reconhecimento das emoções. O desempenho do método foi medido utilizando a taxa de erro igual (EER) e a taxa de reconhecimento (RR).

Bibliografia

[1] Lawrence Rabiner e Ronald Schafer, **Theory and applications of digital speech pro-cessing**, Pearson Education, Inglaterra, 2010.

[2] L. Rabiner e R.W. Schafer, **Digital Processing of Speech Signals**, PrenticeHall, 1978.

[3] David Gerhard, **Audio signal classification : History and current techniques**, Relatório técnico TR- CS 2003-07, Universidade de Regina, Departamento de Informática, 2003.

[4] N. Fragopanagos e J.G. Taylor, "Emotion recognition in human-computer interac-tion", **Neural Networks**, vol. 18, pp. 389-405, 2005.

[5] Gang Li Jia Rong e Yi-Ping Phoebe Chen, "Acoustic feature selection for automatic emotion recognition from speech," **Information Processing and Management**, vol. 45, pp. 315-328, 2009.

[6] G. Fairbanks e W. Pronovost, "An experimental study of the pitch characteristics of the voice during the expression of emotion," **Speech Monograph**, vol. 6, pp. 87-104, 1939.

[7] G. Fairbanks e W. Pronovost, "An experimental study of the durational character-istics of the voice during the expression of emotion", **Speech Monograph**, vol. 8, pp. 85-91, 1941.

[8] Jo Anne Bachorowski e Michael J. Owren, "Sounds of emotion," **Annals of the New York Academy of Sciences**, vol. 1000, n.º 1, pp. 244-265, 2006.

[9] R. Banse e K.R. Scherer, "Acoustic profiles in vocal emotion expression," **Journal of personality and social psychology**, vol. 70, no. 3, pp. 614-636, 1996.

[10] Thomas Fritz, "Universal recognition of three basic emotions in music," **Current biology : CB**, vol. 19, no. 7, pp. 573-6, 2009.

[11] Youngmoo E. Kim, "Music emotion recognition: A state of the art review", Décima **Primeira Conferência da Sociedade Internacional para a Recuperação de Informação Musical**, pp. 255-266, 2010.

[12] K. Hevner, "Experimental studies of the elements of expression in music", **American Journal of Psychology**, vol. 48, pp. 246-267, 1936.

[13] P.R. Farnsworth, **The social psychology of music**, Iowa State University Press, 1958.

[14] M. Zentner, D. Grandjean, e K.R. Scherer, "Emoções evocadas pelo som da música: Characterization, classification, and measurement," **Emotion**, vol. 8, pp. 494, 2008.

[15] K. Sri Rama Murty e B. Yegnanarayana, "Combining evidence from residual phase and MFCC features for speaker recognition," **IEEE Signal Processing Letters**, vol. 13, no. 1, pp. 52-55, 2006.

[16] J.A. Russell, "A circumplex model of affect," **Journal of Psychology and Social Psy-chology**, vol. 39, no. 6, pp. 1161, 1980.

[17] R.E. Thayer, **The biopsychology of mood and arousal**, Oxford University Press, Nova Iorque, 1989.

[18] Yi-Hsuan Yang e Homer H. Chen, "Ranking-based emotion recognition for mu-sic organization and retrieval," **IEEE Transactions on Audio, Speech, and Language Processing**, vol. 19, no. 4, pp. 762-774, 2011.

[19] Yi-Hsuan Yang, Yu-Ching Lin, Ya-Fan Su, e H. Homer, "A regression approach to music emotion recognition," **IEEE Transactions on Audio, Speech, and Language Processing**, vol. 16, no. 2, pp. 448 - 457, 2008.

[20] Yi-Hsuan Yang e Homer H. Chen, **Music emotion recognition**, CRC Press, 2011.

[21] Marius Kaminskas e Francesco Ricci, "Contextual music information retrieval and recommendation: State of the art and challenges," **Computer Science Review**, vol. 6, pp. 89-119, 2012.

[22] Tao Li e MitsunoriOgihara, "Content-based music similarity search and emotion detection," in **Int'l conference on Acoustics, Speech and Signal Processing**, 2004, pp. 705-708.

[23] Chang-Hsing Lee e Jau-Ling Shih, "Automatic music genre classification based on modulation spectral analysis of spectral and cepstral features," **IEEE Multimedia**, vol. 11, no. 4, 2009.

[24] B. Logan, "Mel frequency cepstral coefficients for music modeling," in **Int'l Symposium on Music Information Retrieval**, 2000, vol. 28, p. 5.

[25] N. Sato e Y. Obuchi, "Emotion recognition using mel frequency cepstral coeffi-cients," **Information and Media Technologies**, vol. 2, no. 3, pp. 835848, 2007.

[26] Yonujin Wang e Ling Guan, "Recognizing human emotional state from audiovisual signals", **IEEE Multimedia**, vol. 5, n.º 10, pp. 936-946, 2008.

[27] Byeong-Jun Han e Seungmin Rho, "SMERS:music emotion recognition using sup-port vetor regression," in **10th Int'l Society for Music Information Retrieval Confer-ence**, 2009, pp. 651-656.

[28] Tao Li e MitsunoriOgihara, "Toward intelligent music information retrieval," **IEEE multimedia**, vol. 8, no. 3, 1988.

[29] E.M. Schmidt, D. Turnbull, e Y.E. Kim, "Feature selection for contentbased, time varying musical regression," in **Int'l. conference on Multimedia Information Retrival**, 2010, pp. 267-274.

[30] Xiaoging Yu, Jing Zhang e Wei Yang, "An audio retrieval method based on chroma-gram and distance metrics," in **Int'l. Conf. on Audio Language and Image Processing**, 2010, pp. 23-25.

[31] D. Ellis, P.W. Poliner, e E. Graham, "Identifying cover songs with chroma features and dynamic programming beat tracking," in **IEEE Conf. on Acoustic, Speech, and Signal Processing**, 2007, vol. 4, pp. 1429-1432.

[32] J.M. Overgoor, "An evaluation method for audio beat detectors," in **Fourth Twente Student Conference on IT**, 2006, pp. 23-29.

[33] T. Lidy e A. Rauber, "Evaluation of feature extractors and psycho-acoustic trans-formation," in **Int'l Conference on Music Information Retrieval**, 2005, pp. 34-41.

[34] C. Simmermacher, D. Deng, e S. Cranefield, "Análise de caraterísticas e classificação de instrumentos musicais clássicos: Um estudo empírico", em **Proc. Advances in Data Mining**, 2006, pp. 444-458.

[35] L. Lu, H.J. Zhang, e H. Jiang, "Content analysis for audio classification and seg-mentation," **IEEE Speech, and Audio Processing**, pp. 504-516, 2002.

[36] J. Saunders, "Real-time discrimination of broadcast speech/music," in **Int'l Confer-ence on Acoustic, Speech, and Signal Processing**, 1996, pp. 993996.

[37] C.S. Xu, N.C. Maddage, e X. Shao, "Automatic music classification and summa-rization," **IEEE Speech, and Audio Processing**, pp. 441-450, 2005.

[38] M. Gori e F. Scarselli, "Are multilayer perceptrons adequate for pattern recogition and verification", **IEEE Trans. Pattern Analysis and Machine Intelligence**, vol. 20, no. 11, pp. 1121-1132, 1998.

[39] Antti J. Eronen, "Audio-based context recognition," **IEEE Trans. Audio, Speech and Language Processing**, vol. 14, no. 1, pp. 321-329, 2006.

[40] Xiao-Wei Wang, Dan Nie, e Bao-Liang Lu, "EEG-based emotion recognition using frequency domain features and support vetor machines," **Neural Information Pro-cessing**, vol. 7062, pp. 734-743, 2011.

[41] M. Lugger e B. Yang, "Combining classifiers with diverse features sets for robust speaker independent emotion recognition," in **European Signal Processing Conference**, Scotland, 2009, pp. 1225-1229.

[42] A. Wieczorkowska, P. Synak, e Z. Ras, "Multi-label classification of emotions in music," **Intelligent Information Processing and Web Mining**, pp. 307-315, 2006.

[43] X. Huang, A. Acero, e H.W. Hon, **Spoken language processing: A guide to theory, algorithm and system development**, Prentice Hall, 2001.

[44] J. P. Bello e J. Pickens, "A robust mid-level representation for harmonic content in music signals," in **Proc. Int'l. Conf. Music Information Retrieval**, 2005, pp. 304-311.

[45] P. Dunker, S. Nowak, A. Begau, e C. Lanz, "Content-based mood classification for photos and music: Um quadro de classificação multimodal genérico e uma abordagem de avaliação", em **Proc. ACM Int'l Conference on Multimedia Information Retrieval**, 2008, pp. 97-104.

[46] M.I. Mandel, G.E. Poliner, e D.P.W. Ellis, "Support vetor machine active learning for music retrieval," **Multimedia Systems**, vol. 12, no. 1, pp. 3-13, 2006.

[47] S. Haykin, **Neural networks:A comprehensive foundation**, Pearson Education, Singa-pore, 2001.

[48] B. Yegnanarayana, **Artificial neural networks**, Prentice-Hall of India, Nova Deli, 1999.

[49] R.O. Duda, P.E. Hart, e D.G. Stork, **Pattern classification**, John Wiley and Sons, Singapura, 2003.

[50] A.M. Mattinez e A. C. Kak, "PCA versus LDA," **IEEE Pattern Analysis and Machine Intelligence**, vol. 23, no. 2, pp. 228-233, 2001.

[51] A.V. Oppenheim e R.W. Schafer, **Digital signal processing**, Englewood Cliffs, NJ: Prentice Hall, 1975.

[52] S. Garimella, S.H. Mallidi, e Hermansky, "Regularized auto-assocative neural net-works for speaker verification," **IEEE Signal Processing Letters**, vol. 19, no. 12, 2012.

[53] C.S. Gupta, S. Prasanna, e B. Yegnanarayana, "Auto associative neural network models for online speaker verification using source features from vowels," in **Proc. Int'l Joint Conference on Neural Network**, 2002, vol. 2, pp. 1252-1257.

[54] M. Bianchini, P. Frasconi, e M. Gori, "Learning in multilayered networks used as autoassociators," **IEEE Trans. Neural Networks**, vol. 6, pp. 512-515, 1995.

[55] V. Vapnik, **Statistical learning theory**, John Wiley and Sons, Nova Iorque, 1998.

[56] Peipei Shen, Yixiong Pan, e Liping Shen, "Speech emotion recognition using support vetor machine," **Int'l Journal of Smart Home**, vol. 6, no. 2, 2012.

[57] Shashidhar G. Koolagudi e K. Sreenivasa Rao, "Emotion recognition from speech: A review," **Int'l Journal of Speech Technology**, vol. 15, pp. 99-117, 2012.

Printed by Books on Demand GmbH, Norderstedt / Germany